spot

LOS GATOS SALVAJES

LOS LINCES

por Alissa Thielges

AMICUS | AMICUS INK

collarín

patas

Busca estas palabras e imágenes mientras lees.

piernas

cría de lince

¡Mira! ¡Es un lince! Este gato salvaje vive en lugares fríos.

collarín

¿Ves el collarín? Este pelaje grueso se encuentra en el cuello. Mantiene calentito al gato.

¿Ves las patas grandes? Actúan como raquetas de nieve. La nieve es profunda. Las patas se quedan arriba.

patas

El lince caza de noche.
Puede ver en la oscuridad.
También oye muy bien.

¿Ves las largas piernas? El gato salvaje se acerca sigilosamente a los conejos. ¡Salta! Lo atrapa!

piernas

¿Ves las crías? Nacen en una guarida. Tienen mechones en las orejas como mamá.

cría de lince

Las crías siguen a mamá.
Aprenden a cazar.

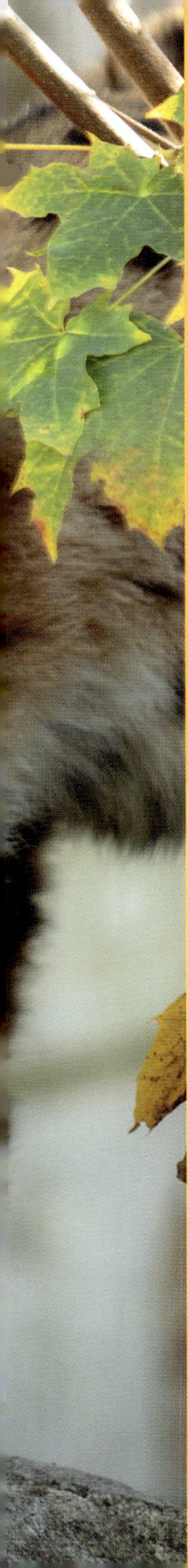

collarín

patas

¿Lo encontraste?

piernas

cría de lince

Spot es una publicación de Amicus y Amicus Ink
P.O. Box 1329, Mankato, MN 56002
www.amicuspublishing.us

Library of Congress Cataloging-in-Publication Data
Names: Thielges, Alissa, 1995- author.
Title: Los linces / by Alissa Thielges.
Other titles: Lynx. Spanish
Description: Mankato, MN : Amicus/Amicus Ink, [2021] | Series: Spot gatos salvajes | Audience: Ages 4–7 | Audience: Grades K–1
Identifiers: LCCN 2019050272 (print) | LCCN 2019050273 (ebook) | ISBN 9781645491842 (library binding) | ISBN 9781681527130 (paperback) | ISBN 9781645492108 (pdf)
Subjects: LCSH: Lynx—Juvenile literature.
Classification: LCC QL737.C23 T473535518 2021 (print) | LCC QL737.C23 (ebook) | DDC 599.75/3–dc23
LC record available at https://lccn.loc.gov/2019050272
LC ebook record available at https://lccn.loc.gov/2019050273

Impreso en los Estados Unidos de America

HC 10 9 8 7 6 5 4 3 2 1
PB 10 9 8 7 6 5 4 3 2 1

Gillia Olson, editora
Deb Miner, diseñadora de la serie
Ciara Beitlich, diseñadora de libro & investigación fotográfica

Créditos de las imágenes: Alamy/Frank Sommariva 12–13; Flickr/Les Piccolo 6–7; Getty/Werner Bollmann 1; Getty/Avalon/Contributor/Universal Images Group 8–9; Getty/Colleen Gara 10–11; iStock/kjekol 3; iStock/Lynn_Bystrom 4–5; iStock/RudyBalasko 14–15; iStock/GlobalP cover, 16

SPOT LOS GATOS SALVAJES

HAYA AÚN MÁS TEMAS DE SPOT EN

amicuspublishing.us

ISBN: 978-1-68152-713-0 U.S. $7.99

50799

9 781681 527130

LOS TIGRES